지구는
언제부터
뜨거워졌을까?

La connaissance est une aventure
Comment l'homme a compris que le climat se réchauffe
by Juliette Nouel-Rénier, Illustrated by Ronan Badel
ⓒ Gallimard Jeunesse, 2008, Paris

Korean translation copyright ⓒ O.U.I. Publishing Co., 2014
This Korean edition was published by arrangement with Gallimard Jeunesse
through Sibylle Books Literary Agency, Seoul.

지식은 모험이다 04
지구는 언제부터 뜨거워졌을까? 지구 온난화의 흐름을 밝힌 논쟁의 과학사

초판 1쇄 발행 2014년 3월 25일

글 쥘리에트 누엘레니에 | 그림 로낭 바델 | 옮김 이효숙 | 감수 장 주젤·전국과학교사모임
펴낸이 이은수 | 편집인 양진희 | 책임편집 조형희 | 디자인 합정디자인스튜디오
펴낸곳 오유아이(초록개구리) | 출판등록 2004년 11월 22일(제300-2004-217호)
주소 서울시 종로구 진흥로 432 요진오피스텔쉐레이 913호 | 전화 02-6385-9930 | 팩스 0343-3443-9930

ISBN 978-89-92161-92161-73-2 44400
ISBN 978-89-92161-61-9 (세트)

• 이 도서의 국립중앙도서관 출판시도서목록(CIP)은 서지정보유통지원시스템 홈페이지(http://seoji.nl.go.kr)와
  국가자료공동목록시스템(http://www.nl.go.kr/kolisnet)에서 이용하실 수 있습니다.(CIP제어번호: CIP2014000114)
• 오유아이는 초록개구리가 만든 또 하나의 출판 브랜드입니다.
  Oui는 프랑스어로 '예'라는 뜻입니다. 세상에 대한 긍정의 태도, 모험을 두려워하지 않는 도전 정신을 책에 담고자 합니다.

지구는 언제부터 뜨거워졌을까?

따거워졌을까?

지구 온난화의 흐름을 밝힌 논쟁의 과학사

쥘리에트 누엘레니에 글 | 이효숙 옮김 | 장 주젤 · 전국과학교사모임 감수

오유아이 Oui

과학에 가까이 다가서는 길

'아기는 어떻게 생기는 걸까? 인간과 원숭이가 사촌이라고? 우주는 어떤 모습일까? 지구는 왜 뜨거워질까? 공룡은 어떻게 지구상에 나타났고 왜 사라졌을까?'

요즘은 초등학생만 돼도 난자와 정자가 만나 아기가 생긴다거나, 인간과 원숭이가 같은 조상의 후손이라거나, 수억만 년 전에 공룡이 지구상에 존재했었다는 사실을 알고 있다. 그러니 대부분의 사람들에게 위의 질문들은 이른바 '상식'이라고 할 만한 것이다. 하지만 이러한 사실이 상식으로 자리 잡은 것은 불과 일이백 년 전의 일이며, 그 사실들이 밝혀지기까지 수많은 추측과 실험, 논쟁과 논증이 있어 왔다는 것을 궁금해하거나 아는 사람은 드물다.

'지식은 모험이다' 시리즈는 다양한 과학 사실에 대해 '어떻게 알게 되었을까?'라고 질문하는 데서 출발한다. 다섯 권의 책은 각각 생식과 진화, 우주와 지구 온난화, 공룡 등을 둘러싼 사실들이 상식이 되기까지의 과정, 즉 과학 논쟁의 역사를 다루고 있다. 때로는 과학자의 끈질긴 탐구와 실험으로, 때로는 황당한 가설과 우연찮은 실수로 밝혀낸 놀라운 사실들이 한 편의 드라마처럼 흥미진진하게 펼쳐진다. 그와 더불어, 각 주제별로 여전히 수수께끼로 남아 있는 논쟁의 지점들을 소개한다. 그럼으로써 독자들이 앞으로 탐구하고 참여하여 해결해 가야 할 과학 분야가 무궁무진하다는 점을 강조한다. 결과보다는 과정을 중시하고, 지식을 전달하기보다는 탐구 정신을 불어넣는 이 책의 구성은 요즘 교육 현장에서 화두가 되고 있는 '융합인재교육(STEAM)'과 맥을 같이한다. 이 책을 과학적 상식과 과학적 사고, 그와 연관된 역사, 철학, 예술, 종교의 문제까지 자연스럽게 익힐 수 있는 교양서로서 청소년들에게 꼭 읽어 보라고 권하고 싶은 이유다.

흔히들 과학을 호기심의 학문이라고 한다. 그런데 과학적 사실 자체에 호기심을 갖고 다가서기란 말처럼 쉽지 않다. 이때, 과학 뒤에 숨은 사람 이야기, 즉 역사를 먼저 살피는 것도 좋은 방법이다. '지식은 모험이다' 시리즈를 읽은 다음, 나, 동물, 자연환경, 지구, 우주로 주제를 넓혀 가며 과학의 다양한 상식들을 뽑아 보고 질문해 보자. '어떻게 알게 되었을까?' 이 질문에 대한 답을 추적하다 보면, 과학이라는 학문 곁에 한층 가까이 다가설 수 있을 것이다.

정성헌(전국과학교사모임 회장)

차례

지구 온난화의 흐름을 밝힌
흥미로운 과학 탐구의 역사

지구의 온도가 올라가고 있다는 사실을 모르는 사람이 있을까? 오늘날 이 주제는 일상에서 흔히 듣는 뉴스거리가 되었다. 여러 국제회의에서는 대기 중의 이산화탄소 농도에 영향을 미치는 가스 배출을 어떻게 하면 줄일 수 있을지에 대해 진지하게 토론하고 있다. 지구가 더워지면서 홍수나 가뭄과 같은 이상 기후는 늘어나고 있으며, 생물 다양성은 걷잡을 수 없을 만큼 빠른 속도로 줄어들고 있다. 우유나 곡물 같은 식료품 가격의 인상조차도 이상 기후와 연관되어 있다.

지난 100년(1906~2005년) 동안 지구의 평균 기온이 섭씨 0.74도 올라갔다. 기상 관측을 시작한 1850년 이래 지구가 가장 더웠던 12년 중의 11년이 최근 12년(1995~2006년)에 포함되어 있다. 20세기 후반 50년의 북반구 평균 기온은 최소한 지난 1300년 동안 가장 높았던 것으로 보인다. 이제 지구 온난화는 그 누구도 이의를 제기할 수 없을 만큼 명백한 사실로 밝혀진 것이다.

그런데 이 사실이 처음부터 쉽게 받아들여진 것은 아니다. 일반인에게까지 온난화 문제를 제대로 알리기 위해 기후학자들이 얼마나 많은 장애물들을 넘어야 했는지 아는 사람은 드물다.

대개 과학 분야에서 지식의 모험을 가로막는 것은 종교적 믿음이나 사회에 널리 퍼진 편견일 때가 많다. 하지만 지구 온난화와 관련한 문제에서만큼은 이야기가 다르다. 기후 연구자들을 가로막는 일은 경제 영역에서 벌어지고 있다.

기후학의 역사는 19세기 초에 시작되었다. 그때부터 사람들은 지구의 기후가 일정하지 않았다는 사실을 알게 되었다. 그리고 19세기 말에 이르러 인간의 활동이 지구의 기온을 높일 수도 있으리라는 것이 밝혀지면서, 과학의 영역인 기후 문제가 부분적으로나마 경제 영역으로 옮겨 갔다. 먼 과거의 기후를 밝혀내고 지구에 여러 번의 빙하기가 찾아왔었다는 사실을 받아들일 수 있게 되자, 사람들은 이런 변화들이 어떻게 일어났는지 궁금해하기 시작했다. 그리고 꽤 설득력 있는 원인을 찾아냈다. 바로 온실 효과였다! 그때만 해도 기후 변화와 관련하여 산업 활동과 그에 따른 경제 성장을 본격적으로 문제 삼지는 않았지만, 이미 논란은 잠재해 있었다.

오늘날 기후 관련 국제기구들은 기후 변화와 인간의 활동이 어떻게 연관되어 있는지 제대로 밝히지 못하고 있다. 반면, 기후학자들은 이상 기후가 일어나는 데 인간이 어떻게 영향을 미쳤는지 연구해 온 결과, 꽤 많은 수수께끼를 풀어냈다. 하지만 거기서 끝난 게 아니다.

지구 온난화는 인류가 해결해야 할 가장 중요한 과제로, 이미 우리 눈앞에 닥쳐 있다. 그런데도 뾰족한 해결 방안은 나오지 않고 있다. 기후학자들은 지금까지 밝혀 낸 지식을 동원하여 지구와 인류에 닥칠 미래를 일반에게 서둘러 알려야 하는 임무를 맡았다. 또 과학자로서는 드물게 국제회의에 부지런히 참석하고, 경제 전문가들을 설득하고, 정치인들과 협상하고, 이해관계가 서로 다른 나라들의 지도자들을 한자리에 모아 대화하게 만드는 일도 맡게 되었다. 한마디로, 기후학자들은 인간들에게 지구의 입장을 대신 전하는 '지구의 대변자'가 된 셈이다.

지구의 기후는 여러 번 바뀌었다

지구의 과거가 드러나기 시작하다

두 세기 전만 해도, 지구의 기후가 바뀔 수 있다는 것을 어느 누구도 상상하지 못했다. 기후학 분야에서 기후 변화에 관한 몇몇 지표들을 확보했음에도 대부분의 사람들은 지구의 과거에 대해 어떤 의문도 제기하지 않았다. 서양에서는 지구에 크나큰 변동이 딱 한 번 일어났다고 여겼는데, 그건 바로 성서에 언급돼 있는 '대홍수'였다.

먼 옛날 지구에 어떠한 위기들이 닥쳤었는지 제대로 밝혀내지 못한 상태에서도 몇몇 학자들은 지구의 과거에 대해 궁금해하기 시작했다. 그리고 땅속에서 동물 화석이 발견되자 그 궁금증들은 수면 위로 떠

200여 년 전에 사람들은 기온, 기압, 풍속, 습도 등을 꽤 정확하게 관측하였다. 또 기체의 운동에 대해서도 연구하기 시작했다. 과학 탐구 목적의 탐사 여행이 가능해지고 많아지면서 중요한 기후 유형들이 확인되었다.

올랐다. 대부분의 화석은 오늘날 지구에 존재하는 생물과는 달랐다. 간혹 오늘날까지 존재하는 동물의 화석이 발견되기도 했지만, 그 화석이 발굴된 지역은 현재까지 남아 있는 동물의 서식지와는 다른 위도에 위치해 있었다. 이 현상들을 어떻게 설명할 것인가?

그리하여 지구의 기후가 큰 변화를 겪었다는 가설이 제기되고 진전되었다. 사람들은 과거에 극심한 기후 변화가 일어나서 많은 생물이 살아남지 못했거나 다른 대륙으로 옮겨 가야만 했을 것이라고 생각했다. 그전까지 자연의 질서는 신의 영역이라고 생각했던 것에서 벗어나 비로소 과학의 눈으로 세상을 보기 시작한 것이다.

문제는 지구의 나이

그때 다른 문제가 튀어나왔다. 하나둘 발견된 화석 층은 하나가 아니라 여러 층으로 구분되어 있었는데, 그것을 통해 지구에 일어난 기후 변화도 한 번이 아니라 여러 번이었을 것이라고 판단한 것이다. 그리고 지구가 여러 번의 기후 변화를 겪으려면 기나긴 세월이 필요하다고 여겼다.

그런데 18세기 말까지만 해도 사람들은 성서에 나오는 정보를 바탕으로 지구의 나이가 6000년이라고 믿고 있었다. 6000년은 지구가 큰 변화를 여러 번 겪기에 턱없이 부족한 시간이었다.

그래서 과학자들은 지구의 나이를 제대로 가늠하기 위해 무모한 가설을 세운 결과, 지구가 생겨난 지 수십만 년이 되었다고 발표했다. 이것은 그 당시에 절대적이었던 성서의 가르침을 거스르는 것이었기 때문에 교회의 분노를 살 만했었다. 하지만 지구에 일어난 기후 대변화를 추정하여 목록을 만들면서 성서에서 언급한 대홍수를 집어넣었기 때문에 교회의 비난을 살짝 비껴갈 수 있었다.

인간의 역사가 본격적으로 시작되었는데도, 지구의 기후 역사는 여전히 수수께끼로 남아 있었다. 그런데 지식의 모험에서 종종 그러하듯 이번에도 기대하지 않았던 순간에 결정적인 요소들이 튀어나왔다.

바윗덩어리, 알프스 산맥을 침입하다

18세기 말에 자연 과학의 선구자들이 알프스 산맥과 쥐라 산맥을 주의 깊게 관찰했다. 그곳에서 지구의 과거에 대한 엄청난 정보를 발견할 수 있을 거라 생각한 것이다. 그들은 그곳에서 거대한 화강암 덩어리들을 발견했다. 뭔가 수상했다! 그 바윗덩어리들은 계곡 한가운데 흩어져 있었는데, 계곡 바닥은 화강암과는 아무 관련 없는 석회질 성분이었다. 그들은 그 화강암 덩어리들이 어디서 생겨난 것인지 매우 궁금해하는 한편, 그것들을 떠돌아다니는 암석이란 뜻에서 '표석'이라고 이름 지었다.

하지만 과학자들은 얼마 지나지 않아 그 계곡에 난데없는 침입자처럼 놓여 있는 화강암이 사실은 산의 정상을 구성하는 암석이었다는 사실을 알아냈다. 그 암석들은 어떻게 100킬로미터 가까이 떨어진 곳까지 내려왔을까?

뜬금없는 곳에 뚝 떨어진 것처럼 보이는 바윗덩어리의 존재를 설명하기 위해 몇몇 가설이 제기되었다. 땅 밑에 갇혀 있던 공기가 폭발하면서 바윗덩어리를 땅 위로 밀어 올렸을 것이라고 추측하는가 하면, 성서에 나오는 대홍수 때문에 바윗돌들이 멀리 옮겨졌을 것이라고 보기도 했다.

1821년, 스위스의 이그나츠 베네츠가 그 해답을 찾아냈다. 매우 추운 시기에 빙하에 의해 산꼭대기에 있던 암석들이 계곡 쪽으로 운반되었는데, 그때 그 암석들 앞에 '빙퇴석'이라고 불리는 온갖 종류의 암석 부스러기가 쌓였다는 것이다. 베네츠는 이 빙퇴석들에 의해 표석들이 본래 있던 장소에서 멀리 떨어진 곳으로 옮겨지고, 빙하가 녹으면서 현재의 자리에 놓이게 되었다는 결론을 끌어냈다.

하지만 빙하의 흔적이 없는 매우 낮은 지대에서 표석이 발견되기도 하는데, 이는 어떻게 설명할 것인가? 베네츠는 한때 지구가 극심한 한파 시기를 겪어서 계곡 전체가 빙하로 덮였을 것이라고 주장했다.

여러 번의 '빙하기'가 있었다

과학계에서는 베네츠의 주장이 앞뒤가 맞지 않는다고 판단하고, 아예 받아들이지 않았다. 몇몇 학자만이 그 생각을 받아들였는데, 그중에는 스위스 출신의 과학자 루이 아가시도 있었다. 아가시는 지구에 빙하기가 있었다고 믿어 의심치 않았고, 결국 1837년에 최초로 '빙하기'라는 용어를 사용했다. 그에 따르면 지구 전체가 얼어붙은 빙하기 동안에는 고위도나 산악

> 지구의 평균 기온이 섭씨 10도를 넘지 않은 시기를 '빙하기'라고 한다. 마지막 최대 빙하기는 12만 년 전에 있었다. 두 빙하기 사이의 기간은 '간빙기'라고 한다. 우리는 지금 지구의 제4기 현세에 살고 있으며, 지구의 평균 기온은 약 섭씨 15도이다.

지대에 빙관(빙하의 정상)이 거의 지구 북반부 전체에 걸쳐 있었다는 것이다.

 또 다른 발견도 있었다. 땅 밑을 조사하다가 화석화된 식물들에 의해 여러 층으로 나뉜 빙퇴석을 발견한 것이다. 그러니까 식물이 자랄 수 있을 만큼 충분히 더웠던 기간들 사이사이에 빙하기가 여러 번 있었던 것이다. 이로써 지구에는 더운 시기와 추운 시기가 번갈아 찾아왔었다는 게 밝혀지면서 빙하 주기 이론이 생겨났다. 이 이론이 과학계로부터 인정받기까지 수십 년이 걸렸다.

 빙하기가 주기적으로 되풀이된다는 생각은 과학자들로 하여금 미래의 기후를 예측해 보도록 부추겼다. 우리는 현재 간빙기에 살고 있으므로 앞으로 빙하기가 돌아올 것이 분명하다고 그들은 예견한다.

온실 효과를 알아내다

유리 벽에 갇힌 열

19세기 말, 앞으로 지구에 빙하기가 다가올 것이라고 알려 졌다. 그런데 정확히 몇 년 뒤에 빙하기가 찾아오는 걸까? 그 당시에는 아무도 그것을 알지 못했다. 기후학자들은 오로 지 빙하기를 불러오는 원인에 대해 궁금해했다. 그리고 마침 내 결정적인 원인을 발견해 냈다.

18세기 말에 오라스 베네딕트 드 소쉬르라는 스위스 사람 이 유리병의 내부 온도가 외부 온도보다 더 높다는 사실을 알아냈다. 그는 정확한 원리까지는 밝혀내지 못했지만, 태양 열이 유리병에 갇히기 때문에 이러한 현상이 일어나는 것이 라고 주장했다. 그리고 한발 나아가 지구의 대기권 또한 일 종의 거대한 유리 벽이라고 보고, 지구에 들어온 태양열이 유리 벽과 같은 대기권에 갇히는 것이라고 주장했다.

드 소쉬르가 놀라운 직관으로 태양열과 유리 벽의 관계를 추론한 지 40여 년 만에, 프랑스의 수학자이자 물리학자인 장 밥티스트 조제프 푸리에가 이 문제를 다시 들고 나왔다. 1824년, 푸리에는 대기권을 온실의 유리 벽에 빗댄 것이 어떤 점에서 타당한지를 설명하고, 온실 효과의 과학적 근거들을 내놓았다. 그는 태양으로부터 지구에 오는 열과 지구가 다시 내보내는 열, 즉 태양 복사 에너지와 지구 복사 에너지가 대기권을 통과할 때 다른 행태를 보인다는 것을 밝혀냈다.

온실의 유리 벽과 대기권은 둘 다 태양열은 통과시키지만 적외선은 잘 통과하지 못하도록 일종의 장벽을 형성한다는 점에서 닮았다. 하지만 대기의 온실 효과는 태양 복사 에너지의 흡수로 이루어지는 반면, 온실 안이 따뜻해지는 현상은 땅이 태양열을 흡수해서 온도가 상승한 후 그렇게 해서 데워진 공기가 밖으로 나가지 못하게 유리 벽이 차단하기 때문에 일어난다.

 **들어오기는 쉬워도 나가기는 어려운 지구**

　태양 복사 에너지가 지표면에 도달할 때 무슨 일이 일어날까? 그것은 푸리에가 '보이지 않는 열'이라고 부르던 것, 현대 과학 용어로 말하자면 '적외선'으로 바뀐다. 빛의 형태를 유지하기에 지구의 온도가 충분히 높지 않기 때문에 태양 복사 에너지는 지표면에 닿아 적외선으로 바뀌는 것이다. 태양열이 빛의 형태를 유지하려면 지구 온도가 섭씨 700도 이상이 되어야 한다. 이것이 바로 푸리에가 온실 효과를 추론해 낸 과정이다.

　태양에서 지구로 들어오는 에너지를 태양 복사 에너지라고 하고 태양 복사 에너지가 지구에 들어와서 다시 우주로 나갈 때 지구가 배출하는 에너지를 지구 복사 에너지라고 하는데, 태양 복사 에너지에 비해 지구 복사 에너지가 대기권을 통과하기 어렵다.(앞표지를 펼쳐 보세요.) 앞에서 말했듯이 지표면에 도달한 태양 복사 에너지는 적외선으로 바뀌는데, 대기권은 적외선을 거의 투과시키지 못하기 때문이다. 적외선 형태의 지구 복사 에너지 중 10퍼센트 정도만 대기권을 통과한다. 적외선이 대기권을 통과하기가 매우 힘든 이유는 대기권에 있는 '온실가스'라는 기체들이 지구가 내보내는 적외선들을 지구 밖으로 나가지 못하게 가로막기 때문이다. 태양 복사 에너지는 지구로 들어오기는 쉬워도 나가기는 어렵다는 얘기다. 푸리에는 이러한 원리까지 자세히 설명하지는 못했지만, 온실 효과를 정확히 추론해 낸 것만은 틀림없다.

구름을 통과해 들어오는 태양 광선. 이것이 지표면에 흡수되면 적외선으로 바뀌어 방출된다.

온실 효과의 주범이 밝혀지다

우주로 빠져나가지 못한 '보이지 않는 열'은 대기권의 맨 가장자리 바로 밑에 쌓인다. 그 덕분에 지구의 온도는 더 높아진다. 푸리에는 바로 이것을 통해 온실 효과가 없으면 지구는 훨씬 추워질 것이라는 점을 이해했다. 그는 놀라운 직관을 발휘해 '인간의 활동이 확립되고 발전함에 따라' 언젠가 지구 기온에 영향을 끼칠 것이라고 예견했다.

푸리에는 여기에서 한 가지 중요한 점을 강조했다. 온실 효과는 자연적 현상일 뿐만 아니라 이로운 현상이어서, 온실 효과가 없으면 지구 상에 생명체가 결코 번성하지 못했을 것이라고 했다. 온실 효과가 없다면 지구의 평균 기온은 섭씨 영하 19도로 내려갈 것이다.

1860년, 아일랜드의 물리학자이자 산악가인 존 틴들이 두 가지 주요 온실가스, 즉 수증기와 이산화탄소를 밝혀냈다. 틴들의 업적은 거기서 그치지 않았다. 그는 '빙하기'라는 용어를 처음 쓴 스위스의 과학자 아가시와 친구였는데, 아가시와 마찬가지로 지구에 여러 번의 빙하기가 있었다고 확신했다.

1860년대까지도 그것은 여전히 가설로만 존재했는데, 틴들은 그것을 사실로 입증하기 위해 빙하기를 일으킨 원인을 연구하기 시작했다. 그리고 그 과정에서, 온실가스의 양이 그 당시보다 적었던 시기가 과거에 여러 차례 있었을 거라는 천재적인 가설을 내놓았다. 온실가스의 양이 적으면 지구 복사 에너지가 우주로 돌아갈 때 덜 가로막히기 때문에 지구에 갇히는 열이 적어져서 그만큼 기온도 내려갔을 것이라고 추론했다. 그전에 푸리에가 막연하게 추측하기만 했던 온실가스와 기후 변화 사이의 관계를 틴들이 정확히 밝힌 것이다.

적외선을 가로막는 기체

대기권에 있는 모든 기체가 온실 효과를 일으키는 것은 아니다.(앞표지를 펼쳐 보세요.)

'온실 효과'와 관계가 있으려면 적외선을 가로막을 수 있어야만 한다. 전체 대기의 99퍼센트를 차지하는 산소와 질소는 여기에 속하지 않는다. 산소와 질소에 이어 세 번째로 많은 양을 차지하는 기체는 아르곤으로서, 전체 대기의 0.9퍼센트를 차지하는데, 이 또한 적외선 차단과는 거리가 멀다.

대기 중에서 적외선을 차단하는 기체들은 나머지 0.1퍼센트에 속한다. 비록 전체 대기에서 차지하는 비율은 낮지만 이것들이 없으면 지구의 평균 기온이 섭씨 영하 19도가 된다는 점을 잊지 말아야 한다. 즉 아주 낮은 비율을 차지하는 기체들의 양에 아주 미세한 변화만 일어나도 지구의 기후에 결정적인 영향을 미칠 수 있다는 것이다.

온실가스가 지구 복사 에너지를 차단해 버리면 어떤 일이 일어날까? 온실가스에 가로막힌 적외선은 지표면으로 돌아온다. 이처럼 적외선이 출발점으로 되돌아오는 것이 온실 효과의 핵심이며, 이 때문에 지구가 평균 섭씨 15도를 유지할 수 있는 것이다.

여기서 한 가지! 확실히 짚고 넘어갈 점이 있다. 온실 효과는 오존층에 구멍이 뚫리는 것과 아주 조금만 관련이 있다. 오존층이 일부 사라진다 해도 지구 온난화에는 작은 영향밖에 미치지 않는다. 그런데도 대부분의 사람들은 두 현상을 혼동하곤 한다.

프랑스 보클뤼즈 지방의 라벤더 밭. 자연적인 온실 효과가 없다면 평균 기온이 섭씨 영하 19도로 내려갈 것이므로 지구에는 꽃도, 그 어떤 생명체도 살아남을 수 없을 것이다.

섭씨 4도, 낮아지거나 높아지거나

대기권에 있는 몇몇 기체의 양이 줄어들면 빙하기로 접어든다는 틴들의 생각은 아주 기발했다. 그런데 틴들은 거기서 멈추지 않았다! 과거에 일어났던 일이 미래에도 다시 일어날 수 있다고 생각한 것이다. 그는 언젠가 온실가스의 양이 변한다면 또 다른 기후 변화를 불러올 것이라고 했다. 틴들 덕분에 19세기 후반부터 사람들은 이산화탄소가 기후를 뒤흔들 수 있다는 사실을 점차 이해하게 되었다.

그로부터 40년이 지난 19세기 말, 스웨덴의 스반테 아레니우스가 틴들과 같은 과정을 밟았다. 그 역시 대기를 구성하는 요소들에 아주 미세한 변화만 생겨도 막대한 변화를 불러올 수 있다는 것을 이해하고, 지구가 언젠가 빙하기로 접어들 것이라고 주장했다.

하지만 아레니우스는 틴들처럼 가설을 내놓는 데 그치지 않고, 확실하게 주장했다. 1896년, 아레니우스는 최초로 온실 효과를 과학적인 방법으로 설명했다. 그는 무수한 변수를 대입하여 일일이 계산한 끝에 이산화탄소의 양이 당시보다 절반으로

온실가스에는 수증기도 포함되어 있는데 수증기에 대해서는 전혀 얘기하지 않는 이유는, 인간 활동이 대기 속 수증기 양에 끼치는 영향이 그리 대단치 않기 때문이다. 게다가 수증기가 대기 중에 지나치게 많아지면 비가 되어 없어져 버린다. 하지만 이산화탄소는 문제가 전혀 다르다.

줄어든다면 지구의 기온이 섭씨 4도 떨어질 것이라고 단언했다.(이 정도면 지구가 빙하기로 접어들기에 충분하다.) 반대로, 이산화탄소의 양이 두 배로 늘어나면 4도 올라갈 것이라고 주장했다. 그로부터 100년이 훨씬 넘게 지난 오늘날 컴퓨터로 계산한 수치는 놀랍게도 아레니우스가 손으로 일일이 계산한 결과와 거의 일치한다.

우리에게는 자연이 있으니, 계속 발전해도 괜찮아

아레니우스는 끝까지 밀어붙였다. 그는 자신의 주장을 뒷받침하기 위해 이산화탄소의 양을 증가시킬 만한 요소들을 찾아보았다. 초기에 그는 화산 연구에 전념했다. 화산이 분출될 때 많은 양의 이산화탄소가 배출되기 때문이다. 하지만 얼마 지나지 않아 산업 활동에 의해 이산화탄소 배출량이 심각하게 증가하는 것을 알아낸 그는 인간 활동만으로도 충분히 이산화탄소가 증가할 수 있다고 단언했다.

하지만 사람들은 아레니우스의 주장에 별 관심을 기울이지 않았다. 무엇보다, 그 당시의 과학자들은 기술의 진보를 절대적으로 믿고 있었다. 그들은 인간이 이뤄 낸 산업 혁명에 감탄할 뿐, 그것이 불행한 결과를 불러올 것이라고는 생각하지 못했다. 그 점에서는 아레니우스조차도 별반 다르지 않았다. 그는 인간 활동이 앞으로 찾아올 빙하기를 늦출 수도 있다고까지 생각했다.

인간은 하나같이 달콤한 환상을 품었다. 자신들이 무절제한 행동을 저지르더라도 자연 스스로 충분히 치유하고 회복할 수 있으리라고, 또 지구의 넓은 부분을 차지하는 바닷물이 넘쳐 나는 이산화탄소를 모두 흡수해 줄 것이라고 굳게 믿었다.

산업이란 원자재를 가공하는 일로, 화석 연료를 이용한다. 화석 연료란 오래전에 땅속에 묻힌 생물이 아주 오랫동안 온도와 압력을 받아 만들어진 것으로, 석유, 천연가스, 석탄이 여기에 속한다. 화석 연료를 태우면 다량의 이산화탄소가 대기 중에 배출된다.

기후 수수께끼의 열쇠는 우주에 있다

다른 실마리들을 찾아보다

한번 정리해 보겠다. 푸리에는 온실 효과가 어떻게 일어나는지를 이해했다. 그리고 틴들은 온실 효과와 관련된 기체들을 알아내고, 그 기체들이 줄어들면 지구가 빙하기로 접어들 수도 있음을 넌지시 알려 주었다. 마지막으로, 아레니우스는 인간 활동이 일으킬 수 있는 요소들을 계산에 넣어서, 온실 효과와 관련된 기체들의 양이 증가하고 그 결과 지구의 기온이 올라갈 것이라고 예견했다. 그러니까 결국, 빙하기의 원인을 조사하다가 반대로 지구가 더워지는 온난화의 원인을 밝혀낸 것이다!

그렇지만 앞에서 보여 준 대로, 20세기 초에는 아무도 온실 효과를 지구의 기후 변화와 연결하여 생각하지 못했다.

과학자들은 다른 데서 기후 변화의 원인을 찾으려 했다. 그중에는 반세기 전부터 진행되어 온 천체에 대한 연구가 포함되어 있었다.

1842년, 프랑스의 수학자 조제프 아데마르가 지구의 기후 변화와 관련된 결정적인 가설을 하나 내놓았다. 그는 지구에 빙하기가 여러 번 존재했다고 믿는 데서 나아가 앞으로 빙하기가 주기적으로 돌아올 것이라고 추정했다. 당시 그는 그 주장을 뒷받침할 증거를 내놓지는 못했지만, 지구의 자전축이 규칙적으로 바뀌는 것에 따라 지구에 주기적으로 빙하기가 찾아온다고 생각했다.

1865년에는 스코틀랜드의 지질학자 제임스 크롤이 아데마르와 마찬가지로 기후 변화와 관련하여 규칙적인 지구 궤도의 변화를 생각해 냈다. 그러다가 1924년에 마침내 세르비아(옛 유고슬라비아)의 수학자이자 천문학자인 밀루틴 밀란코비치가 기후와 관련된 천문학적 이론의 완결판을 내놓았다.

1915년, 독일 천문학자 알프레드 베게너가 대륙 이동설을 내놓았다. 그는 대륙들이 과거 어느 시기에는 한 덩어리였다고 최초로 주장했다. 대륙 이동설은 발표 당시에는 인정받지 못하다가 나중에서야 기후 변화의 원인을 설명하는 데 활용되었다.

태양과 가까워지기도 하고 멀어지기도 하는 지구

밀란코비치의 이론은 다음과 같다. 지구는 주기적으로 태양과 가까워지기도 하고 멀어지기도 하며, 태양의 방향으로 더 기울어지기도 하고 덜 기울어지기도 한다. 즉 지구의 공전 궤도와 자전축이 변화한다는 것이다. 이러한 변화로 인해 여름철 북반구의 일조량이 줄어드는데, 이로써 지구의 기온이 내려가고 빙하기로 접어드는 현상을 설명할 수 있다는 것이다.

밀란코비치는 이런 변화들이 모두 주기적으로 찾아온다고 보았다. 그는 변화 주기의 규칙성을 찾아내고 그것이 지구에 일으킨 변화를 연결해 살펴보면, 어느 시기에 지구에 일조량이 줄어들어 빙하기로 접어들었는지 알아낼 수 있다고 주장했다.

하지만 밀란코비치의 주장이 논리적으로 체계화되는 순간, 과학계는 즉각 그의 주장을 멀리했다. 그것이 완전히 정신 나간 생각이라고 판단한 것이다. 그런데 실제로는 어느 누구도 밀란코비치가 맞았는지 틀렸는지조차 알지 못했다. 어느 시기에 빙하기가 있었는지, 그 빙하기들이 얼마간 지속되었는지에 대해 알려진 바가 전혀 없었기 때문이다.

# 지구가 완전히 동그라미를 그리며 돈다면

만약 지구가 똑바로 선 채로 완벽한 동그라미를 그리면서 태양 주위를 돈다면? 지구에 계절이란 거의 없을 것이며 빙하기 또한 다가오지 않을 것이다. 하지만 지구의 자전축은 공전 궤도면에 대해 약간 기울어진 채 살짝 타원형을 그리며 태양 주위를 돈다. 또한 지구의 자전 및 공전과 관련된 요소는 주기적으로 바뀐다. 바로 여기에 기후에 얽힌 수수께끼를 푸는 열쇠가 숨어 있다. 지구의 자전축과 공전 궤도에 변화를 일으키는 세 가지 요소는 다음과 같다.

지구 공전 궤도의 이심률 변화

지구는 1년 주기로 태양을 초점으로 하여 원을 그리며 돈다. 궤도가 완벽한 원에서 타원형으로 찌그러진 정도를 이심률이라고 하고 이것은 0에서 1까지의 숫자로 나타내는데, 이심률이 0에 가까울수록 완벽한 원에 가까운 형태이다. 지구의 공전 궤도는 항상 일정하지 않고 조금씩 변하는데, 10만 년을 주기로 거의 원형(이심률 0.005)에 가까운 형태에서 타원형(최대 이심률 0.058)으로 바뀌었다가 다시 원래대로 돌아간다. 이심률이 커지면 지구가 태양에 가장 가까워졌을 때와 멀어졌을 때의 거리차도 커진다.

지구 자전축의 기울기 변화

지구 자전축은 지구의 공전 궤도면에 대하여 약간 기울어져 있다. 이것은 4만 년을 주기로 가장 적게 기울어졌을 때와 가장 많이 기울어졌을 때 2.3도 차이가 난다. 만약 이 자전축의 기울기가 작아진다면 남극과 북극 사이의 계절적 차이도 적어지는데 이것이 빙하기를 불러온다.

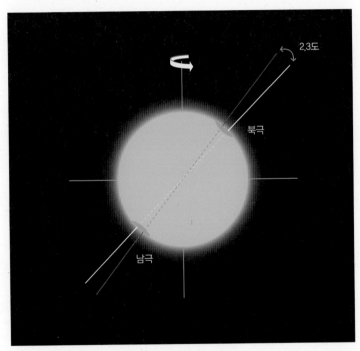

지구 자전축의 기울기는 4만 년 주기로 2.3도 차이가 난다.

흔들리는 지구 자전축

팽이가 돌 때 회전축이 약간 기울어지면 팽이 자체가 돌면서 팽이의 축도 서서히 도는데, 이처럼 지구의 자전축도 2만 6000년 주기로 한 바퀴씩 돈다. 이와 같이 물체의 회전축이 회전하는 운동을 '세차 운동'이라고 한다. 세차 운동으로 지구 자전축이 회전하는 동안 자전축의 경사 방향이 반대가 되면, 여름과 겨울이 생기는 위치 또한 반대로 바뀐다.

지구가 태양의 둘레를 도는 궤도 위에서 태양에 가장 가까운 점을 '근일점', 가장 먼 점을 '원일점'이라고 하는데, 현재 근일점에서

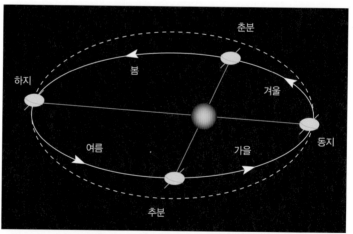

지구 공전 궤도의 이심률이 커지면 태양이 지구 공전 궤도의 중심에 있지 않고 한쪽으로 치우쳐 있게 되므로, 지구가 태양과 먼 쪽으로 돌 때는 태양열을 덜 받게 된다. 현재 지구 공전 궤도의 이심률은 0.0170이다.

지구 자전축은 남반구가 태양을 향해 있는 위치이다. 그러니까 우리가 위치한 북반구는 현재 겨울일 때 태양과 가깝고 여름일 때 태양과 멀다. 1만 3000년 후에 세차 운동에 의해 자전축이 정반대로 바뀌면 계절에 따른 태양의 위치가 바뀌면서 남반구와 북반구의 계절도 지금과 정반대로 바뀔 것이다. 그렇게 되면 지금보다 여름은 더 더워질 것이고 겨울은 훨씬 더 추워질 것이다.

깊은 바다 속에서 새로운 사실을 발견하다

밀란코비치가 과연 맞았는지 틀렸는지 확인하려면, 지구 상에 언제 빙하기가 있었으며 그것이 얼마나 오래 지속되었는지를 알아내면 된다.

1920년대 들어, 대규모의 해저 탐사가 이루어지기 시작하면서, 지구의 과거를 알려 주는 기후의 연대기들이 깊은 바다 속으로부터 튀어나왔다. '유공충류'라고 불리는 조개의 잔해들이 다량 채취된 것이다. 유공충류 중 주변 환경에 민감한 것들이 있는데, 그중에서 수온에 민감한 부류는 바닷속 지층이 퇴적된 당시의 환경을 추측하는 데 중요한 단서를 제공했다. 유공충류 화석을 통해 바닷물의 수온이 어느 시기, 어느 지역에서 높았었는지를 알아낼 수 있게 된 것이다.

1950년대부터는 해저 시추 작업이 본격적으로 이루어졌다. 석유, 천연가스 같은 해저 지하자원을 채취하기 위해 바다 밑바닥을 수십 미터 깊이까지 파 들어갔다. 이 시기에 유공충류를 활용한 새로운 분석 방식을 발명하여, 몇몇 사실을 추가로 밝혀냈다.

생물학자들은 산소 동위원소 분석을 통해 유공충류 속에 '무거운 산소'라 불리는, 매우 희귀한 형태의 산소가 포함되어 있다는 것을 증명했다. 수온에 따라 유공충류에 포함된 무거운 산소의 양이 변화하므로, 이를 통해 과거 기후의 변동을 추측할 수 있다.

1976년, 미국인 제임스 헤이스, 존 임브리, 니컬러스 새클턴이 치밀한 조사를 통해 수십만 년에 걸친 기후의 비밀을 밝혀냈다. 그들은 태양과 지구의 거리 변화와 빙하기의 주기 사이에 놀랄 만한 상응 관계가 존재한다고 말했다. 그들이 내린 결론은 기후 연구에 일대 혁명을 일으켰다. 전 세계 기후학자들은 밀란코비치가 기후 변화와 천체의 상관관계에 관한 이론을 내놓은 지 50년도 훨씬 지난 뒤에야 비로소 그가 옳았음을 깨달은 것이다.

앞으로 1만 5000년은 안심해도 좋다?

논리적으로 보자면, 간빙기는 새로운 빙하기로 이어져야 한다. 1970년대에는 몇몇 기후학자들이 기후 변화가 임박했다고 생각했다. 마지막 두 간빙기 사이의 기간은 1만 년이었고, 우리가 속해 있는 간빙기가 시작된 지 1만 년은 족히 되

었기 때문이다. 그런데 새로운 해저 자원 탐사를 통해 간빙
기 사이가 때로는 1만 년보다 훨씬 더 긴 적도 있었다는 사
실이 밝혀졌다. 실제로 현재의 천문학적 조건들을 따져 보
면, 앞으로 적어도 1만 5000년 동안은 빙하기가 오지 않을
것이라고 한다!

하지만 전문가들은 그것으로 안심할 수 없었다. 80년쯤 전
에 기후 문제와 관련하여 잠깐 떠올랐다가 잊힌 기체 때문
이었다. 그 기체는 바로 '온실 효과'라 불리는 현상을 부추길
주범, 이산화탄소였다.

그렇다면 사람들은 온실 효과에 대해 얼마나 알고 있었을까? 스웨덴의 과학자 아레니우스 이후로 이산화탄소에 관심을 가진 사람은 거의 없었고, 20세기 중반까지도 이 문제에 관해서는 아무것도 진전되지 않았다. 하지만 머지않아 사람들은 더 이상 이산화탄소를 외면할 수 없게 되었다.

인간, 결국 잘못을 인정하다

모습을 드러낸 온실 효과

1957년에 첫 번째 비상 신호가 울렸다. 사람들이 믿었던 것과 달리 넓디넓은 바닷물이 산업체에서 배출되는 지나치게 많은 양의 이산화탄소를 모두 흡수하기 못한다는 사실을 미국의 로저 르벨과 한스 쥐스가 증명해 보인 것이다.

바닷물의 이산화탄소 흡수율은 예상치의 반의반도 되지 않았다. 그야말로 환상이 깨져 버린 셈이다. 자연이 원래 상태로 되돌려 놓기에는 인간이 마구잡이로 저질러 놓은 잘못이 너무 컸다. 연구자들은 지나친 인간 활동이 지구 온난화를 초래할 수 있다고 강조했다. 그리하여 온실 효과는 다시 주목받기 시작했다.

1958년, 미국의 찰스 데이비드 킬링이 하와이 주에 속한

섬 하나를 찾았다. 그는 그곳에 있는 고도 3,000미터 높이 산에 관측소를 차렸다. 그리고 몇 년 동안 그곳에서 지내며, 세계 최초로 대기 중에 있는 이산화탄소를 직접적

연간 배출되는 약 72억 톤의 이산화탄소 중에서 약 40억 톤은 대기 중에 쌓이고 약 30억 톤은 바닷물에 녹아들거나 광합성 작용에 의해 식물에 흡수된다.

이며 지속적으로 측정하였다. 그 결과, 대기 중 이산화탄소 농도가 끊임없이 증가하고 있음을 밝혀냈다. 1970년대에 빙하 시추가 이루어지면서 지구의 과거를 좀 더 정확히 가늠해 볼 수 있게 됨에 따라, 이산화탄소 배출량이 19세기 중반부터 눈에 띄게 늘기 시작하더니 제2차 세계대전 이후로 어마어마하게 늘었다는 사실을 알아낸 것이다.

　킬링은 이산화탄소 배출량의 증가가 전 세계에 걸쳐 일어나는 현상이며, 대기 중 이산화탄소의 농도가 지역에 관계없이 똑같다는 사실도 밝혀냈다. 연간 이산화탄소 배출량은 20세기 초에 5억 톤을 넘어섰고, 현재는 72억 톤을 넘어섰다.

오늘날, 지구의 역사를 통틀어 이산화탄소와 관련한 세 가지 요소가 전에 없이 큰 변화를 겪게 되었다.

증가 속도

18세기에 산업 혁명이 일어난 후 최근에 이르기까지 200년 동안 배출된 이산화탄소의 양은 마지막 빙하기가 절정에 이르렀던 2만 년 전부터 산업화 이전까지의 배출량과 맞먹는다. 대기 중 이산화탄소 농도는 1750년에 280ppm이던 것이 2000년대 중반에 약 380ppm으로 크게 늘었다.

순환 주기

식물은 광합성을 통해 이산화탄소를 대기 중에서 흡수하여 유기물로 만들고, 땅속에 묻힌 생물은 화석 연료로 바뀌며, 바닷물은 이산화탄소를 흡수했다가 다시 내보내는데, 이처럼 자연계에서 탄소가 여러 형태로 순환하는 것을 '탄소 주기'라고 한다. 대기 중에 있는 자연적 이산화탄소는 탄소 주기를 따른다. 그런데 3억 년 전부터 축적되어 온 화석 연료를 인간이 캐내어 쓰기 시작하면서, 땅

속에 있던 탄소가 강제로 배출되었다.

잔존 기간

배출된 이산화탄소는 대기 중에 '한동안' 머물러 있다. 일부는 식물의 광합성에 의해 흡수되거나 바닷물에 녹아들지만, 그러지 못한 이산화탄소는 100여 년 지나야 절반 정도가 재순환되어 소멸된다. 그래서 18세기 중반에 배출된 이산화탄소의 흔적이 오늘날까지도 남아 있는 것이다.

전 세계 교통 분야에서 배출되는 이산화탄소만도 전체 배출량의 약 25퍼센트에 이른다.

쌓여 가는 증거들

첫 번째 비상 신호가 울리고 나서 10년이 지난 1960년대 말, 기후 연구에 최초로 컴퓨터가 동원되었다. 이로써 기후를 지배하는 기본 물리 법칙들을 적용하여 과거의 기후를 재구성하거나 미래의 기후를 예견하는 데 꽤 믿을 만한 모의실험법이 탄생했는데, 이것을 '기후 모델'이라고 한다.(뒤표지를 펼쳐 보세요.) 기후 모델은 그전까지 일일이 손으로 계산해 낸 기후 관련 수치들의 정확성을 확인시켜 주었다.

기후 모델을 통한 모의실험 결과, 온실가스의 증가가 심각한 지구 온난화를 불러온다는 게 사실로 확인되었다. 그제야 비로소 과학계는 사태의 심각성을 깨달았고, 과학자들은 앞다퉈 연구에 뛰어들었다.

1979년, 미국의 짐 핸슨이 그 당시의 매개 변수를 기후 시스템에 반영하여 모의실험을 했다. 산업화 이전 시기와 비교하여 이산화탄소의 양이 두 배 증가하면 기온은 섭씨 4도 올라간다는 예측 아래 진행된 모의실험이었다. 같은 해, 세계 기상 기구(WMO)가 세계 기후 연구 프로그램을 신설했다.

하지만 이산화탄소 배출을 문제 삼기, 즉 인간의 화석 연료 사용에 대해 문제를 제기하기란 과학자들에게 결코 만만

치 않은 도전거리였다. 과학자들이 정치계와 여론을 움직이려면 인간 활동이 기후에 미치는 부정적 영향에 대한 확신이 있어야 했다. 또 자신들이 제기하는 문제에 대한 반발을 잠재우기 위해서는 논거와 증거를 빈틈없이 갖춰야만 했다. 때마침 남극의 빙하에서 새로운 증거들이 발견되어 기후 문제에 대한 사람들의 인식을 크게 바꿔 놓기 시작했다.

오늘날과 같은 산업화 시대에, 천연가스, 석유, 석탄의 사용은 국가 경제 발전의 기반이다. 그것을 문제 삼는다는 것은 국민 한 사람 한 사람의 사소한 일상뿐만 아니라 편안함을 추구하는 생활 방식 자체를 뒤흔드는 일이다. 그뿐만 아니라 에너지를 개발하는 기업들의 이익과 맞서 싸우는 것이기도 하다.

문제는 태양만이 아니다

그보다 20여 년 앞선 시기에 이미 과학자들은 바다 밑바닥뿐만 아니라 빙하 속까지 연구하기 시작했다. 빙하는 과거의 기후 정보가 가득 담겨 있는 보물 창고이다.

1983년, 남극의 보스토크에서 러시아 연구팀이 빙핵 시추를 통해 두께 2000미터 넘게 파 내려갔다. 여기에는 프랑스와 미국의 연구 팀도 합류했다. 보스토크 기지의

대륙에 쌓인 눈이 얼음으로 변할 때 거기 있던 공기는 작은 방울로 갇히게 된다. 이 공기 방울을 분석하면 얼음이 얼던 당시의 대기 성분을 알아낼 수 있다. 얼음은 과거의 대기 중 이산화탄소 농도뿐만 아니라 화산 폭발이나 태양 위치 변화 흔적도 간직하고 있으므로, 기후 연구에 유익한 표본이다.

시추를 통해 40만 년 전의 지구 환경이 밝혀지면서, 기후학계가 발칵 뒤집혔다.

그 내용을 보면, 첫째, 태양과 지구의 위치 관계가 기후 변화에 크나큰 영향을 미친다는 사실이 확인되었다. 더 충격적인 것은, 지구의 기온 변화와 대기 중 온실가스 농도 사이에 놀라운 연관성을 보인 시기가 실제로 있었다는 사실이었다. 기후 변화의 원인이 전적으로 태양에만 있지는 않다는 게 밝혀진 것이다. 이제 과학자 중 어느 누구도 온실 효과의 영향을 무시할 수 없게 되었다.

과거에 온실 효과가 지구의 기후에 결정적인 영향을 미쳤다면 앞으로 또다시 그렇게 될 수 있다는 것쯤은 누구나 짐작할 수 있었다. 그 이후로 온실 효과는 사람들에게 가장 큰 걱정거리가 되었다. 아레니우스를 필두로 하여 수많은 과학자들이 예견한 대로, 인간이 배출하는 막대한 양의 이산화탄소가 정말로 지구의 기후에 영향을 미칠 수 있을까? 인간은 과연 '추가적인' 온실 효과의 원인일까?

국제적인 규모로 커진 기후 논쟁
보스토크에서 이루어진 시추 덕분에 과학자들은 마침내

자연적 온실 효과가 기후 변화에 결정적인 영향을 끼쳤다는 증거를 확보했다. 그때부터 산업 활동에서 비롯되는 온실가스도 온난화를 불러올 수 있음을 증명하기 위한 작업이 시작되었다. 기후 관련한 연구들은 모조리 이 문제에 집중되었다. 왜냐하면 그 당시에는 이산화탄소를 줄이기 위해 '아무것도 하지 말고 그냥 내버려 두자.'라는 의견이 많았는데, 특히 화석 연료를 개발하는 기업가들이 그중 대다수를 차지했다. 그들은 자신들의 이익을 위해 정치계에 큰 압력을 행사했다. 그들은 기온 상승이 기후의 자연적인 변화와 관련된 것일 수 있다고 말한다. 지구의 기온이 상승하고 있다는 것은 인정하지만 그 현상의 책임이 인간에게 있다는 지적에 대해서는 반신반의하는 것이다.

1988년, 유엔은 세계 최대 과학 협력 프로그램인 IPCC를 창설했다. 이 기구의 임무는, 기후 변화에 관해 가능한 한 모든 정보를 수집한 뒤 5~6년 주기로 그 정보들을 종합하여 평가 보고서를 발표하는 것이다. IPCC는 특히 인간이 온실 효과를 부추기

IPCC는 '기후 변화에 관한 정부 간 협의체(Intergovernmental Panel on Climate Change)'를 뜻한다. 이 기구는 전 세계에 있는 수천 명의 연구자들로 하여금 온실 효과에 대해 연구하게 한다. 여기서 나온 보고서들은 170개국 이상의 정치 지도자들에 의해 채택되어야 한다. 2007년, IPCC는 기후 문제 해결에 기여한 공로를 인정받아 미국의 앨 고어와 공동으로 노벨 평화상을 수상했다.

는 데 책임이 있는지를 판단한다.

　더군다나 IPCC는 강대국의 정책을 결정하는 정치 지도자들과 직접적으로 연결되어 있다. IPCC에서 주기적으로 제출되는 평가 보고서를 바탕으로 각 나라의 지도자들이 기후를 위협하는 상황에 적절히 대처할 수 있도록 하기 위해서이다.

한번 시작되면 멈출 수 없는 악순환

　지구의 일조량 변화만으로는 온난화 같은 큰 사건들을 설명하기
어렵다. 빙하기에서 평균 기온이 섭씨 5도만 높아져도 간빙기로
넘어가는데, 일조량의 변화가 기온 상승에 미치는 영향은 그중 절
반 정도밖에 되지 않는다. 나머지 절반의 책임은 바로 온실가스의
증가에 있다.

　그렇다면 어떤 과정에 따라 빙하기에서 간빙기로 넘어가는 것일
까? 첫 번째 단계로, 지구가 태양열을 받기 좋은 위치에 놓이는 시
기에 일조량이 늘어나면서 기온이 높아진다. 기울어진 지구 자전
축 때문에 기온이 상승하는 이러한 현상은 언제나 남극에서 시작
된다. 두 번째 단계로, 남극 주변의 바닷물 온도가 상승하면서 이
산화탄소 흡수 능력이 떨어짐에 따라 대기 중 이산화탄소의 농도
가 증가한다. 이것이 온실 효과를 높이며, 이로써 지구 전체 기온
이 상승하는 효과를 낳는 것이다.

　여기서 한 가지 더 기억해야 할 것! 위와 같은 온실 효과의 증폭
현상은 반대의 경우로도 진행된다. 지구가 태양열을 적게 받는 위
치에 놓이면 일조량이 줄어들어서 기온이 낮아지고, 수온이 떨어
지면서 바닷물은 이전보다 더 많은 이산화탄소를 흡수한다. 그러

면 온실 효과는 줄어들고, 지구의 온도는 다시 뚝 떨어진다.

게다가 빙하는 태양열을 대기 중으로 반사시키는 '알베도 효과'를 일으킨다. 즉 태양열이 지표면을 덥힐 시간도 주지 않은 채 곧장 반사시키는 비율에 따라 기온 변화를 일으킨다는 것이다. 온난화가 시작되면서 빙하가 녹으면 태양열을 우주로 반사시키는 표면적이 줄어들어 기온이 상승하고, 반대로 냉각화가 시작되면서 얼어붙는 빙하의 표면적이 늘어나면 좀 더 많은 태양열을 반사시키므로 기온이 점점 더 내려간다.

녹아내리는 그린란드의 빙산

기온이 다시 내려갈 희망은 없다?

속도의 변화

1990년, IPCC에서 첫 평가 보고서를 발표했다. 첫 보고서에서는 현재의 온난화가 "기후의 자연적인 변화 때문일 수도 있다."라며 매우 신중한 태도를 보였다.

온실 효과의 증대가 지구 온난화의 원인임이 분명한데도 IPCC는 왜 그토록 조심스러워했을까? 과학 분야에서는 모든 것이 증명되기 전까지는 그 무엇도 확실하지 않기 때문이다. 과학자들은 확실한 증거 없이는 단정 지어 말하지 않는다. 함부로 주장했다가는 반대하는 쪽에 자신을 공격할 빌미만 제공하고 만다.

그러는 동안에도 발전은 있었다. 그린란드의 빙하에서 새로운 사실이 밝혀진 것이

1980년대 들어 지구의 평균 기온은 이전 10년에 비해 눈에 띄게 상승했다. 과학자들이 예견해 온 온난화가 비로소 현실로 나타난 것이다.

다. 1990년대 초에 유럽과 미국에서 시행한 시추 작업을 통해, 지구가 최근 11만 년 사이에 급격한 기후 변화를 여러 차례 겪었다는 게 밝혀졌다. 11만 년 전부터 최근에 이르기까지, 지구에는 20번이 넘는 위기가 찾아왔는데 그 변화가 매우 격렬했던 적도 있었다. 심지어 불과 몇십 년 사이에 섭씨 16도가 올랐다가 다시 추워졌던 시기도 존재했다!

기후학자들은 혼란에 빠졌다. 그때까지만 해도 빙하기와 간빙기 사이의 기간은 보통 1만 년이라고 알려져 있었기 때문에 그토록 짧은 시간 동안 그토록 급격한 변화가 일어났었다는 증거를 발견한 것은 매우 뜻밖의 일이었다. 그렇다면 기후 변화 가속화의 원인은 무엇일까? 수수께끼의 비밀은 지구 전체를 둘러싼 바닷물의 순환에 있었다.

온난화를 냉각화로 바꾸는 게 가능할까?

지구 상의 바닷물은 한 장소에 머물러 있지 않고 끊임없이 흐르며 순환한다. 즉 해류가 발생한다. 해류는 적도의 따뜻한 바다와 북극해의 찬 바다를 오가며 대양의

> 해류는 수온과 염도의 차이 때문에 발생한다. 바닷물은 수온이 낮고 염도가 높을수록 무거워서 아래쪽으로 가라앉는 경향이 있다.

열을 지구 전체에 골고루 퍼지게 한다. 그중에서 멕시코 만류는 따뜻한 바닷물을 북대서양에 전달하는데, 북대서양에 많은 양의 민물이 갑작스럽게 유입되면 해류의 흐름은 멈추고 만다.

그러면 어떤 일이 일어날까? 난류가 유입되지 못하면 그 지역의 기온이 뚝 떨어지면서 짧은 빙하기를 불러온다. 그러다 해류가 정상적인 흐름을 되찾으면 막혔던 만류가 다시 흐르면서 기온도 오른다.

기후학자들은 생각했다. 과거에 지구 상에 그토록 갑작스러운 냉각화가 일어났다면, 가까운 미래에도 일어날 수 있을 것이고, 그것이 온난화를 막을 수도 있지 않을까? 달리 말해서, 오늘날 엄청난 양의 민물을 북대서양으로 흘려 보내면 온난화를 막을 수 있을 거라고 생각한 것이다.

대답을 기다릴 필요도 없었다. 현재 진행되는 지구 온난화

도대체 어느 장단에 맞춰 옷을 입으라는 거야!

때문에 열대 지방 바닷물의 증발량이 늘고 있었기 때문이다. 증발한 열대 바닷물은 구름이 되어 바람을 타고 이동한다. 그리고 북대서양에 이르러 비를 내림으로써, 북대서양의 바닷물을 싱겁게 만들 것이다.

가까운 미래에 빙산이 없어진다

기후학자들은 위와 같은 과정을 거쳐 북대서양의 강수량이 늘어나면 멕시코 만류가 멈출 것이라고 생각하고, 1990년대 중반부터 기후 모델에 그 가설을 통합시켰다. 그러면서 멕시코 만류를 멈추게 한다면 현재 진행되는 온난화도 멈출 수 있으리라고 기대했다. 하지만 기후 모델이 내놓은 결과는 기대와 달랐다.

우선, 온실 효과가 촉진됨에 따라 강수량이 최악의 상태로 변화한다고 하더라도, 멕시코 만류를 앞으로 100년 안에

멈추게 할 수는 없다. 또, 인간 활동이 일으키는 온난화가 워낙 막대해서 앞으로 일어날 냉각화는 빙하기와 전혀 다른 형태로 일어날 것이라고 예상되었다. 말하자면, 냉각화가 일어나더라도 빙하기보다는 약화된 온난화를 기대하는 게 옳다. 재난 영화 〈투모로우〉에서처럼 뉴욕이 빙하로 뒤덮이는 일은 현실에서는 결코 일어나지 않을 것이다.

그렇다고 안심할 수는 없다. 이제 우리는 기후 역사상 경험해 본 적 없는 상황과 맞닥뜨리게 될 것이다. 기후, 대양, 식물군 같은 다양한 요소 간의 상호작용이 복합적으로 일어나므로, 그 전부를 감안하여 미래의 기후를 예측하기란 불가능하다.

기후 변화를 일으킨 자연계의 주역들

자연계에서 기후 변화를 일으킨 주역들을 만나 보자. 사실 모든 변화의 가장 큰 책임은 '시간'에 있다.

수백만 년에 걸쳐 일어난 대륙 이동

지구 상의 대륙은 긴 세월 동안 분리되고 이동하면서 해양과 대기의 흐름을 바꾸어 놓았다. 그에 따라 위도에 따른 열의 분포도 바뀌었다.

수천 년에 걸쳐 바뀐 태양과 지구의 위치

이것이 바로 기후 변화의 수수께끼를 푸는 열쇠이다.

수천 년에 걸쳐 일어난 증폭 현상들

온실 효과와 알베도 현상이 태양과 지구의 위치 변화로 비롯된 냉각 현상이나 온난화 현상을 더욱 증폭시켰다.

여기서 잠깐! 지구가 형성되고 나서 20억 년 동안 대기는 이산화탄소와 수증기로 꽉 차 있었기 때문에 온실 효과가 상당했다. 그 당시 온실 효과는 그 어떤 것보다도 기후 변화에 큰 영향을 끼쳤다.

수십 년에 걸쳐 중단된 해양의 흐름

열대 난류의 북반구 유입이 차단되면서 지역에 따라 냉각화 현상이 일어났다.

수 년에 걸쳐 변동된 일부 해양의 흐름

엘니뇨 현상은 태평양 일부의 온난화와 관련이 있으며, 지구의 평균 기온에 적게나마 영향을 끼치고 있다.

멕시코 만류가 시작되는 멕시코 만의 최대 항구 도시 베라크루스. 멕시코 만류는 따뜻한 해류를 북대서양에 전달하며 기후 흐름에 영향을 미친다.

발뺌하고 의심하는 사람들

지구가 정말로 더워지고 있을까?

지구 온난화에 대한 인간의 책임을 누구나 쉽게 인정하는 것은 아니다. 그것은 산업 국가들의 성장을 위협할 뿐만 아니라 편리해진 인간의 생활 방식을 문제 삼기 때문에 일반인들까지도 걱정하게 만든다.

그래서 꽤 많은 사람들이 온난화를 문제 삼는 쪽에서 아주 작은 틈만 보여도 놓치지 않고 달려든다. 그들은 사소한 사실들을 이용해 지구의 기온이 올라가고 있다는 보고에 의혹을 제기하지만, 안타깝게도 그들 대부분은 **지구 온난화와 단기간에 발생한 일부 지역의 날씨 변화를 혼동하는 실수를 저지른다.** 예를 들어 북반구에서 특히 날씨가 좋지 않았던 2007년

> 온난화는 지구 전체에 걸쳐 일정한 기간, 즉 365일 동안 관측한 기온의 평균치로 판단해야 한다.

여름, 사람들은 '지구가 더워지고 있다고 하는데, 이곳은 여름인데도 춥고 비가 많이 온다.'는 말을 자주 했다. 하지만 같은 해 4월에 평균 기온이 예년에 비해 섭씨 4도나 상승했다는 사실은 금세 잊어버렸다.

온난화는 기상 이변을 일으키는 한편, 대기 순환의 흐름을 바꾼다. 그 때문에 북반구의 위도가 높은 지역에서는 강수량이 늘어날 것이다. 앞으로 유럽 북부에서는 홍수가 더 잦아지고 지중해 유역에서는 가뭄이 더 심해지는 등 지역에 따라 점점 더 극심한 기후 변화를 겪게 될 것이다.

제대로 관측하기는 한 걸까?

사람들은 그때까지 나온 기후 관련 수치 자료들이 제대로 된 것인지 의심하기 시작했다. 그들은 '날로 지구가 더워지고 있다고 하는데, 실제로 지금이 예전보다 더워졌다는 것이 확실한가?'라며 의심했다.

하지만 기후 관련 수치들은 의심할 여지가 없다. 20세기 초부터 지리적으로 매우 광범위한 지역에서 기상 관측이 이루어졌기 때문이다.

유럽에서는 1860년대부터 기기를 사용해 기온을 측정했다. 1873년 오스트리아 빈에서 열린 세계 첫 국제 기후 학회에서는 기온 측정 방법을 하나로 통일해 냈다. 세계 기상 기구는 1950년에 창설되었다.

관측 기기를 사용하여 기후에 영향을 주는 요소를 직접 측정하여 얻은 자료뿐만 아니라, 그 이전까지 과거 기후 조건을 유추하는 데 쓰여 온 자연 속 증거물들도 있다. 예를 들어 나무의 나이테 형태나 꽃가루의 성분, 산호초의 외골격 등에서 보이는 변화나 해저와 빙하 시추로 찾아낸 증거 등 매우 다양한 곳에서 다양한 방법으로 얻어 낸 자료들이 온난화의 흐름을 보여 주고 있다. 이렇게 쌓아 온 자료들은 지구 온난화 현상에 대해 어느 누구도 반박하지 못할 만큼 확실한 증거가 된다. 이 모든 것들이 결국 '온난화'라는 한 방향만을 가리키고 있기 때문이다.

기후 모델이 효과가 있을까?

1950년대 말부터, 기후학자들은 가장 성능이 좋은 컴퓨터로 모의실험을 했다. 그럼에도 불구하고 여전히 많은 사람들은 기후 모델이 과연 기후의 흐름을 제대로 예측할 수 있을지 의심했다. 물론 예측은 말 그대로 예측일 뿐이므로, 개선될 여지가 있다. 실제로 기후 모델은 끊임없이 수정되고 발전되어 왔다.(뒤표지를 펼쳐 보세요.)

기후 모델이 발전해 감에 따라 모의실험하는 데 통합시키는 요소도 계속 추가되었다. 그렇지만 '지구 온난화는 결코 피할 수 없다.'는 결론만큼은 흔들림이 없었다. 더욱 놀라운 것은 전 세계에 흩어져 있는 기후 연구소 15곳에서 저마다 다른 계산법과 실험법을 사용했는데도 결국 똑같은 결론에 이르렀다는 점이다.

하지만 그것만으로는 기후 연구소에서 행하는 실험을 충분히 신뢰할 수 없다고 하는 사람들이 여전히 남아 있었다. 그리하여 기후 모델의 신뢰도를 따져 볼 수 있는 여러 가지 방법이 동원되었다. 그들은 1990년까지의 자료를 바탕으로 1990년부터 2007년 사이의 기후 변화를 예측해 볼 것을 요구했다. 이번에도 연구자들이 승리했다. 실제로 일어난 현상과 실험의 결과가 일치한 것이다.

모든 사실이 명백하게 밝혀졌음에도 불구하고, 사람들은 지구 온난화를 좀처럼 받아들이려 하지 않았다. 사람들은 '지구가 더워진다고 주장하면서, 정작 내일 날씨 하나 정확히 알려 주지 못한다.'고 기후 연구자들을 비난했다. 그들은 기후와 기상이라는 두 분야를 혼동한 것이다. 기후는

실제로 1990년부터 2007년 사이에 평균 기온이 상승하고 강수량도 증가했다. 한편, 온난화는 낮보다 밤에, 여름보다는 겨울에, 중간 위도보다는 극지방에서 더 두드러진다. 이 또한 기후 모델이 예견한 것과 정확하게 일치한다.

일정한 지역에서 오랜 기간에 걸쳐 나타나는 기상의 평균 상태를 나타내므로, 대부분의 경우 그 흐름을 예상할 수 있다. 반면, 기상은 그날그날의 날씨 상태를 나타내므로 예측할 수 없는 부분이 존재하며, 매우 국지적인 현상이다.

기후를 알기 쉽게 비유하자면 이렇다. 1킬로미터를 걸어서 가는 데 15분이 걸릴 거라고 예측했지만 실제로 걸었을 때 15분보다 몇 초 빨라지거나 느려진다고 해서 그 예측이 틀렸다고 말할 수 없는 것과 같은 것이다.

정말로 온실 효과가 지구 온난화의 원인일까?

지구 온난화를 반박하는 쪽에서는 온난화와 온실 효과가 서로 관련이 없다고 주장하며, 지구 온난화와 관련해서는 태양 복사 에너지의 증가가 일으키는 효과만 내세운다.

태양 복사 에너지는 일정하지 않고, 11년 주기로 늘었다 줄었다를 반복하는 태양 흑점에 따라 변화한다. 태양 복사 에너지 양은 태양 흑점이 가장 많을 때와 적을 때를 비교해도 0.1퍼센트 차이밖에 나지 않지만, 일부에서는 이 현상이 지구 온난화를 설명해 줄 수도 있다고 주장한다. 이에 대해 IPCC의 기후학자들은 이렇게 답한다. 그 현상은 전 세계에

존재하는 기후 모델에 통합하는 요소 중 하나일 뿐이며, 오늘날 진행되고 있는 온난화에 영향을 미칠 만큼 강력하지 않다고.

온실 효과가 과연 인간의 책임일까?

마지막으로, 가장 큰 장벽이 남아 있다. 사람들은 온실 효과에 대해 인간에게 어느 정도 책임이 있다는 건 인정하지만, 온실 효과를 증대시킨 가장 큰 원인이 인간에게 있다는 주장은 받아들이지 못한다. 그들은 온실 효과가 자연적으로 누그러질 수 있으며, 현재 진행되고 있는 온실 효과도 그러하리라고 기대한다.

하지만 이것은 두 가지 이유 때문에 명백히 틀렸다. 첫째, 인간이 대기 중에 배출하는 이산화탄소의 구성은 탄소 주기를 따르는 자연적 이산화탄소와 다르다. 오늘날 대기 중에 다량으로 존재하는 이산화탄소에는 탄소14라는 방사성 동위 원소가 아주 적게 함유되어 있다. 이는 석탄이나 석유 같은 화석 연료를 구성하는 탄소의 특징으로, 인간의 화석 연료 사용으로 이산화탄소의 구성에 변화를 일으켰다는 증거가 된다.

둘째, 오늘날의 지구 온난화는 예전의 자연적 온난화와는 정반대의 흐름으로 진행되고 있다. 자연적 온실 효과는 태양과 지구의 위치 변화로 기온 상승이 일어나면서부터 시작된다. 태양과 지구의 위치가 변화하면 일조량이 늘어나 바닷물의 수온이 올라가고, 그로 인해 이산화탄소 흡수량이 감소하여 대기 중의 이산화탄소의 함유량이 늘어난다. 그에 따라

> 간단히 설명하자면 이렇다. '자연적' 온난화에서는 기온 상승의 결과로 온실 효과 증대가 일어나지만, 오늘날의 온난화에서는 온실 효과가 증대된 결과로 기온 상승이 일어난다. 이렇듯 순서가 뒤바뀐 것이 매우 중요한 문제인데도 많은 사람들이 이 사실을 전혀 모르고 있다.

온실 효과가 증대되고, 기온이 또다시 상승한다. 이것이 앞에서 말한 증폭 현상이다.

　오늘날의 지구 온난화는 이 과정이 거꾸로 진행되고 있다. 인간 활동으로 대기 중 이산화탄소가 증가하면서 온난화가 시작되는 것이다.

결과를 보면 원인이 보인다

오늘날 온난화를 언급하지 않고는 다음 현상을 설명할 수 없다.

빙하의 해빙

바다에 떠다니는 빙산이든 그린란드의 극지방에 있는 빙관이나 산 위의 빙하든 간에, 지구 상의 모든 얼음은 녹아 줄어들고 있다. 단, 자연적으로 그린란드보다 훨씬 추운 남극만 제외하고 말이다.

해수면의 상승

20세기 들어 해수면은 17센티미터 상승했다. 그리고 10여 년 전부터 상승 속도는 거의 두 배로 늘어났다.(1년에 3밀리미터씩 상승한다.) 그중 절반은 수온이 올라가면 '팽창하는' 물의 성질 때문이고, 나머지 절반은 빙하가 녹기 때문이다.

바닷물의 산성화

인간 활동에 의해 배출된 이산화탄소 중 일부는 바다에 흡수되면서 바닷물의 산성도를 높인다. 그 때문에 산호초나 일부 동물성 플랑크톤의 껍데기와 뼈가 녹아내리면서 멸종 위기에 처해 있다.

일부 동식물의 생태 변화

추위에 익숙한 종들은 점점 더 높은 지대를 찾아 올라가고, 더위에 적응한 종들은 점점 더 따뜻해져 가는 북반구에서 영역을 넓혀 가고 있다. 또, 계절에 따라 이동하는 동물들의 이동 및 교배 시기와 식물이 꽃을 피우는 시기가 앞당겨졌다.

생물 다양성의 저하

온난화로 생물 다양성이 크게 감소되고 있다. 앞으로 40년 동안 생물종의 5분의 1에서 3분의 1 정도가 멸종될 수 있다.

북극곰 어미와 새끼. 북극곰은 지구 온난화의 희생자다.

이해하는 것만으로는 충분하지 않다

의심하던 시절은 지나가고

IPCC의 전문가들이 첫 평가 보고서에서 지구 온난화에 대해 무척 신중한 태도를 보였던 것은, 이 문제가 거센 반박에 부딪힐 것이라고 충분히 예상했기 때문이다.

모의실험에 통합하는 요소들이 늘어 가면서, 전문가들은 온난화와 관련된 의혹에서 벗어나 좀 더 확실하게 의견을 내놓을 수 있게 되었다. 그러나 1990년에 제출한 첫 평가 보고서에서, IPCC는 지구 온난화에 대한 인간 활동의 책임에 대해 별다른 의견을 내놓지 않았다. 다만 1995년에 다음과 같이 발표했을 뿐이다.

"일련의 요소들은 지구의 기후 변화에 인간이 어느 정도는 영향을 끼치고 있음을 시사한다."

2001년, 전문가들은 또 한 번의 고비를 넘겼다. 20세기 중반부터 관측된 기온 상승이 '어쩌면' 인간 활동과 연관이 있을 것이라고 발표한 것이다. 그리고 2007년, '어쩌면'은 '어쩌면 매우'로 바뀌었다. 이것은 '십중팔구' 그렇다는 얘기다.

기후 변화 협약은 더 이상 심각한 기후 변화를 일으키지 않도록 온실가스 배출을 규제하기 위해 맺은 국제 협약이다. 아직 명확하게 정해진 것은 없지만, 기후 문제에 대해 최초로 국제적인 합의를 이끌어 냈다는 점에서 기후 변화 협약은 그 의미가 크다.

IPCC의 회원국들이 고작 경고 신호를 울리기 위해 이 '어쩌면 매우'에 도달하기를 기다려 온 것은 물론 아니다. 결과적으로 1992년에 리우데자네이루에서 열린 '지구 정상 회담'에서 전 세계의 거의 모든 국가가 기후 변화 협약에 서명했다.

실행까지는 아직 멀었다

기후 변화 협약이 체결된 지 5년 뒤인 1997년, 교토 의정서가 채택되었다. 거기에는 기후 변화 협약을 어떻게 실행할지에 대한 기준이 담겨 있다.

교토 의정서는 기후 변화 협약 회원국 중 일부 선진국들에 2008년부터 2012년 사이 온실가스 배출량을 1990년 수준보다 평균 5퍼센트 줄일 것을 요구했다. 교토 의정서가 발효

되려면 적어도 55개국의 비준을 얻어야 하고 비준한 나라들에서 배출된 이산화탄소의 총량이 1990년을 기준으로 선진국 전체의 55퍼센트를 넘어야 한다. 다행히 2004년에 러시아가 비준을 마침으로써 이 두 조건이 충족되어 2005년부터 시행되었다.

그런데 온실가스를 가장 많이 배출하는 두 나라, 즉 미국과 중국은 교토 의정서에서 빠졌다. 미국은 의회에서 의정서를 비준받지 못했고, 중국은 인도나 브라질과 같이 개발도상국 자격으로 대상국에서 제외되었기 때문이다.

그 당시 미국은 중국과 인도가 의무 이행 사항들을 따르도록 기준이 바뀌지 않는 한, 자신들은 아무것도 하지 않을 것

이라고 주장했다. 한편 중국과 인도는 경제 성장률과 온실가
스 배출량에서 선두를 달리는데도 미국과 마찬가지로 의무
이행을 거부했다. 두 나라가 내놓은 대답은 이렇다.

　"우리에게 훈계를 하는 나라들이 이룩한 발전 수준에 우리
가 접근하지 못할 이유가 전혀 없다. 산업화가 시작된 이래
이산화탄소 배출량의 4분의 3 이상에 대한 책임이 과거에 산
업화된 나라에 있기 때문에, 그들이 지구 온난화에 대한 책
임을 져야 한다."

최악의 상황은 이미 시작되었을까?

　이산화탄소 배출은 계속 늘고 있다. 오늘날의 상황은

IPCC가 예상한 시나리오 중 최악의 것에 해당한다. 다양한 실험을 통해 미래 기후를 예측한 것을 종합해 보면, 지금으로부터 2100년까지 평균 기온이 섭씨 1도에서 6도 사이로 상승한다는 결론이 나온다.

앞으로 평균 기온을 1도만 올리느냐, 6도나 올리느냐 하는 문제의 절반 정도는 우리 인간에게 달려 있다. 우리가 앞으로 온실가스를 많이 배출할수록 기온은 더 올라갈 것이라는 얘기다. 나머지 절반은 우리가 알아내지 못한 영역에 속하기 때문에 어떻게 될지 알 수 없다.

하지만 무엇보다 걱정스러운 일은, 어떻게 하더라도 온실 효과를 정상 수준으로 되돌릴 수 없다는 점이다. 지구의 기온이 앞으로 100년 동안 섭씨 2도 올라가는 것을 막으려면 (그런데 이미 0.74도 올라간 상태다.), 대기 중 이산화탄소 농도가 지금 수준에서 안정되어야 하는데, 그러기는 불가능해 보인다.

지구 기온이 한 세기 전에 비해 섭씨 3도를 넘어서지 않게 하기 위한 노력을 강요할 수는 없다. 하지만 인간들 스스로 발 벗고 나선다면 온실가스 배출은 2015년부터 줄어들기 시작하여 2050년쯤에는 절반으로 줄어들 것이다.

오늘날 국제 사회에서는 이렇듯 다소 소박한 목표를 중심으로 기후 문제에 대응하기 위한 방안을 논의해 나가고 있다. 그러므로 최선을 다한다 해도 우리는 앞으로 평균 기온이 섭씨 2도 정도 상승하는 온난화에는 적응해야 할 것이다.

이 목표에 도달하기 위해서는 미국의 협력을 얻어 내야만 한다. 그런데 2007년 12월 발리에서 열린 유엔 기후 변화 회의에서 미국은 또다시 온실가스 배출량 제한을 위해 수치화된 목표를 전면 거부했다.

과학을 경계하는 데 앞장선 사람들

　몇몇 나라의 정치가들은 지구 온난화를 막기 위한 노력에 동참하지 않는 것을 정당화하려고 비과학적인 주장을 내놓기도 한다.

　과학과 맞선 싸움에 가장 앞장선 나라는 미국이다. 2003년, 당시 미국 상원의 환경 및 공공근로 위원회 의장이던 공화당 소속 제임스 인호프 의원은 미국 국회 의사당 마당에서 엉뚱한 '장난'을 벌여 지구 온난화를 주장하는 이들을 비웃었다. 같은 해, 미국 환경보호국은 이산화탄소가 지구 온난화에 끼치는 효과들에 관해 '실질적으로 과학적 불확실성'이 있다고 주장했다. 지구 온난화를 주장하는 과학자들은 의회 앞에 모여, 백악관 측에서 정부의 보고서를 담당한 기후학자들에게 '기후 변화'나 '지구 온난화'라는 표현을 쓰지 말라고 압력을 행사한 것에 대해 비난했다.

　사실을 감추고 국민을 기만하는 것은 미국 정치가들만이 아니다. 러시아 상원의장인 세르게이 미로노프는 2007년 5월, 전 세계 기후 전문가 200명 앞에서 "이산화탄소 배출은 기후에 아무런 영향을 미치지 않는다."라고 잘라 말했다. 그 당시 미로노프는 지구 냉각화 이론을 지지하고 있었다. 참고로, 러시아는 원유와 천연가스를 세계에서 가장 많이 생산하는 나라이다.

2007년 12월 인도네시아 발리에서 열린 유엔 기후 변화 회의에는 180여 개국의 지도자가
참석했다.

지구의 미래, 우리의 미래

그럼에도 불구하고 밝은 미래를 기대하는 이유

이제 많은 나라에서 정치인들이 환경 문제에 대한 정치적 선택을 할 때 국민의 눈치를 보지 않을 수 없게 되었다. 대부분의 유럽 국가들에서는 선거에 출마하는 정치인이 환경 문제에 적극 참여한다는 공약을 내걸지 않으면 당선되기 어려워졌다.

한편, 2004년에 확장되기 이전에 유럽연합에 가입한 15개국의 온실가스 배출량이 2005년 들어 아주 조금 줄어들었다. 하지만 이것은 15개국의 수치를 종합한 결과일 뿐, 자세히 들여다보면 나라마다 큰 차이를 보인다. 가령, 독일과 영국의 온실가스 배출은 많이 줄어든 반면, 스페인과 포르투갈은 많이 늘어났다.

이제 선진국 중에서 유일하게 교토 의정서를 비준하지 않은 나라는 미국뿐이다. 미국 국민들은 지구의 미래에 대한 지도자들의 잘못된 행보를 공개적으로 비난하고 나섰다.

한편, 미국의 전 부통령 앨 고어가 쓴 책을 바탕으로 제작되어 2006년에 개봉한 다큐멘터리 영화 〈불편한 진실〉이 성공한 덕분에 환경 문제에 대한 미국인들의 인식은 크게 바뀌었다. 이 영화는 전 세계 기후학자들이 거의 한목소리로 온실 효과의 증대에 대한 책임이 인간 활동에 있다고 주장한다는 점을 보여 준다. 또한 심각한 정보 왜곡으로 인해 지구 온난화의 원인에 대한 의혹이 사라지지 않는 현실을 고발한다.

오늘날 대다수의 미국인들은 미국 정부가 온실가스 문제에 적극적으로 나서서 행동하기를 바라고 있다. 또, 캘리포니아 주에서 이산화탄소 배출량을 줄이기 위한 자체 법안을 통과시킨 뒤로, 30여 개 주가 이를 따르고 있다.

중국도 이전과는 전혀 다른 태도를 보이는 한편, 2007년 6월부터는 기후 변화에 맞서기 위한 실천 계획을 내놓았다. 비록 강제적으로 달성해야 하는 목표까지 내놓지는 않았지만 중국이 지구를 살리는 데 동참하려고 첫걸음을 내디딘 것만으로도 의미가 있다.

정치인과 기업가를 설득할 수 있는 유일한 길

하지만 각국 정부에 가장 크게 영향을 미칠 수 있는 방법은 따로 있다. 기후 문제를 해결하기 위해 노력하는 데 비용이 들기는 하지만, 만약 그마저 하지 않고 손놓고 있다가는 기업과 정부가 지금보다 훨씬 더 많은 비용을 지출해야 할 것이라고 말해 주는 것이다. 최악의 결과가 일어날 경우 미래에 투입해야 할 비용에 비한다면 오늘날 최악의 상황을 피하기 위해 투입되는 비용은 새 발의 피다.

2006년 10월, 영국의 니콜라스 스턴이 온난화와 관련된 비용을 추산하여 발표했다. 그 당시 세계은행의 수석 경제학자였던 스턴은 앞으로 지구 온난화 때문에 치러야 할 비용이 5조 5천억 유로에 이를 것이라고 추산했다.

경제 성장을 지켜 줄 과학

왜 그토록 어마어마한 비용이 드는 걸까? 지구 온난화는 해수면 상승, 가뭄과 화재 또는 그 반대로 태풍과 홍수를 일으켜 많은 지역을 인간이 살 수 없는 환경으로 만들어 버릴 것이다. 그렇게 되면 수천만 명의 사람들이 살던 곳을 떠나 이주해야 하고, 기본 식량 자원의 부족 현상을 겪게 될 것이다. 또 새로운 전염병이 세계 곳곳에 퍼질 것이다. 온난화는 생물종의 40퍼센트를 멸종으로 몰아넣으며 농업과 어업에도 심각한 타격을 입힐 것이다.

노벨 위원회는 2007년 IPCC와 앨 고어를 노벨 평화상 공동 수상자로 선정하면서, 기후 변화는 인류 대부분의 생활을 위협하고 국가 간 그리고 심지어 국가 안에서도 격렬한 갈등을 불러일으킬 수 있다고 강조했다.

이러한 대혼란을 겪으며 전 세계 국가들의 재정은 균형을 잃을 것이다. 온난화로 인한 엄청난 재앙을 복구하기가 어려울뿐더러, 복구를 해낸다 하더라도 그 비용은 예방하는 데 드는 비용보다 훨씬 더 늘어날 것이기 때문이다.

오늘날 세계적으로 가장 민감한 분야가 바로 경제이다. 지구 대기 오염에 책임이 가장 큰 나라들의 지도자들이 지구 온난화로 인해 국가 재정에 위협을 받을지도 모른다는 사실을 깨닫는다면, 스스로 발 벗고 나설 수밖에 없을 것이다. 그들은 지금껏 경제 성장을 내세워 지구 온난화의 흐름을 이해하고 인간이 저지른 잘못을 받아들이기를 거부해 왔다. 그

러나 최근 세계적인 경제 위기를 겪으며 사람들은 엄청난 손
실을 일으킬 거라고 예상되는 지구 온난화를 어떻게든 막아
야 한다는 인식을 가지게 되었다.

　과학이 과연 앞으로 닥쳐올 경제 위기에 대한 경각심을 일
깨우고, 더 늦기 전에 인간이 앞으로 걸어야 할 바른길을 지
속적으로 제시할 수 있을까? 만약 그럴 수 있다면, 과학자들
은 결과적으로 경제 성장에도 도움을 주는 셈이다.

지구 온난화의 흐름을 밝힌 역사적 순간들

1824년 푸리에가 온실 효과에 관한 기초를 세우다.

1837년 아가시가 최초로 '빙하기'라는 용어를 쓰다.

1860년 틴들이 온실가스의 존재를 밝히고, 지구 평균 기온과의
연관성을 생각해 내다.

1903년 아레니우스가 인간 활동이 온실 효과를 부추길 수 있다고
주장하다.

1924년 밀란코비치가 기후에 관한 천문학적 이론을 공식화하다.

1957년 르벨과 쥐스가 과잉 배출된 이산화탄소를 바닷물이 모두
흡수하지 못한다는 사실을 밝히다.

1958년 킬링이 대기 중의 이산화탄소 측정을 시작하다.

1976년 헤이스가 해양 시추로 얻은 자료 분석을 통해 밀란코비치
이론의 타당성을 증명하다.

1983년 남극 보스토크 기지의 시추로 온실 효과가 시기에 따라 기
후에 결정적인 영향을 주었다는 사실이 증명되다.

1988년 유엔 '기후 변화에 관한 정부 간 협의체'(IPCC)가 창설되다.

1997년 지구 온난화 규제와 방지를 위한 교토 의정서가 발효되면
서, 선진국들에 온실가스 배출량을 줄일 것을 요구하다.

2000년 세계 기상 기구(WMO)가 20세기를 지난 1000년 중 가장 더운 세기로, 1990년대를 20세기 중 가장 더운 10년으로 규정하다.

2004년 35개국이 교토 의정서를 비준하다. 이산화탄소 배출량이 가장 많은 국가들이 비준을 거부하다.

2005년 2000년부터 2005년까지 연간 72억 톤의 이산화탄소를 배출하다.

2006년 스턴이 온난화 때문에 드는 비용을 5조 5천억 유로로 추산하다.

2007년 IPCC에서 지구 온난화의 책임이 '십중팔구' 인간에게 있다고 밝히다. IPCC와 앨 고어가 노벨 평화상을 공동 수상하다.

2007년, 노벨 평화상을 공동 수상한 IPCC의 의장 라젠드라 파차우리 (왼쪽)와 앨 고어

더 읽어 볼 책

인간도 기후를 변화시킨다고? 베랑제르 뒤브륄 외 지음, 곽노경 옮김, 주니어김영사, 2006

기후가 미친 걸까? 로베르 사두르니 지음, 이수지 옮김, 민음인, 2006

최열 아저씨의 지구 온난화 이야기 최열 지음, 환경재단 도요새, 2007

어, 기후가 왜 이래요? 임태훈 지음, 토토북, 2007

미친 기후를 이해하는 짧지만 충분한 보고서 한스 요아힘 셸른후버 외 지음, 한윤진 옮김, 도솔, 2007

찌푸린 지구의 얼굴 지구 온난화의 비밀 허창회 지음, 풀빛, 2008

기후 예고된 재앙 장 주젤 외 지음, 박수현 옮김, 알마, 2009

지구를 위협하는 1도의 비밀 브뤼노 골드만 지음, 이효숙 옮김, 초록개구리, 2009

뜨끈뜨끈 지구 온난화 닉 아놀드 지음, 이충호 옮김, 주니어김영사, 2010

청소년이 꼭 알아야 할 과학 이슈 11 이충환 외 지음, 과학동아북스, 2011

과학 이야기―거짓말, 속임수 그리고 사기극 대릴 커닝엄 지음, 권예리 옮김·해설, 이숲, 2013

얼음의 나이 오코우치 나오히코 지음, 윤혜원 옮김, 계단, 2013

사진 출처

21쪽 G. Rowell/Corbis

25쪽 B. Domenjoud

43쪽 Forestiers/Sygma/Corbis

50쪽 P. Robert/Corbis

57쪽 Heeb/Hemis.fr

67쪽 J. E. Ross/Corbis

75쪽 M. Chebil/Polaris

83쪽 Dita Alangkara/AP/Sipa